Únete

por Lita Davis
ilustrado por Noah Jones

HOUGHTON MIFFLIN   BOSTON

Copyright © by Houghton Mifflin Company. All rights reserved.

No part of this work may be reproduced or transmitted in any form or by any means, electronic or mechanical, including photocopying or recording, or by any information storage or retrieval system without the prior written permission of Houghton Mifflin Company unless such copying is expressly permitted by federal copyright law. Address inquiries to School Permissions, Houghton Mifflin Company, 222 Berkeley Street, Boston, MA 02116.

Printed in Mexico

ISBN 10: 0-618-93129-5
ISBN 13: 978-0-618-93129-3

456789 0908 16 15 14

4500471971

Las niñas quieren que juegue alguien más.

—¿Juegas con nosotras? —dicen sin más.

Sí, este niño se quedará.

¿Cuántos niños juegan?

Vienen dos niños más y dicen contentos: —¿Podemos jugar con ustedes en este momento?
—Sí. Jueguen con nosotros —dicen sonriendo.

¿Cuántos niños juegan ahora?

—¡Ahí está Andrés! ¿Juegas con nosotros, Andrés?

—Sí —dice Andrés.

—Me quedaré y jugaré.

¿Cuántos niños juegan?

Vienen tres más a jugar.

—¿Podemos jugar con ustedes? —los oyen preguntar.

—Sí, pueden quedarse a jugar.

Ahora, ¿cuántos niños juegan?

Los niños se quedan a jugar.
Y ya no vienen más niños a participar.

¿Cuántos niños juegan?

Shep quiere jugar. "¿Puedo jugar también?", parece decir Shep.

¿Cuántos juegan ahora?

Reacción
Resolver problemas

Quédate y juega

Dibuja
Mira la página 3. Dibuja una figura de palitos por cada niño que hay en el patio de recreo.

Comenta
Resolver problemas/Tomar decisiones Mira la página 3. Di cuántos niños ves en el patio de recreo. Di cuántos niños ves que vienen a jugar con ellos. Di cuántos niños hay en total.

Escribe
Mira la página 3. Escribe cuántos niños hay en total.